AF586826

LE

CONGRÈS CENTRAL DE 1847,

PAR

Le vicomte Armand de POMEREU,

OFFICIER SUPÉRIEUR DE LA GARDE NATIONALE, MEMBRE DE L'ASSOCIATION NORMANDE ET DE PLUSIEURS AUTRES RÉUNIONS AGRICOLES,

Délégué par la Société Royale d'Horticulture de Paris pour la représenter pendant la session de 1847.

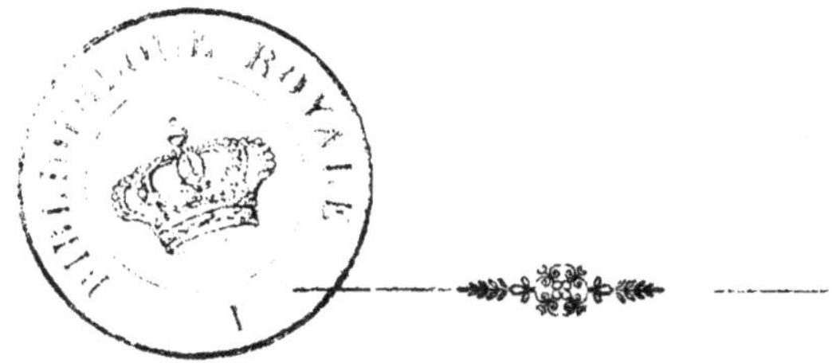

PARIS

IMPRIMERIE DE LACOUR,

Rue St-Hyacinthe-St-Michel, 33.

1847

AVANT-PROPOS.

Occupant au Congrès une place très rapprochée de la tribune, j'en ai profité pour prendre journellement des notes sur les discours des principaux orateurs qui s'y sont fait entendre. J'ai voulu réunir et conserver de ces documents ceux qui m'ont paru les plus intéressants; les autres je les ai rejetés. Décidé à me renfermer dans un cadre très étroit, j'ai rédigé alors un petit compte-rendu fort succinct des séances auxquelles je me suis trouvé. Ce qui suit est le résultat de mes propres souvenirs et impressions ; et j'espère avoir rendu un compte aussi fidèle que précis sur ce qui s'est passé au Congrès. J'ai cru de mon devoir de faire imprimer ce petit opuscule pour l'offrir en hommage aux membres de la Société Royale qui m'avait honoré de son mandat. Je prierai seulement ceux qui le liront de se montrer très indulgents pour un petit travail que j'ai été forcé de rédiger à la hâte.

Vicomte ARMAND DE POMEREU.

CONGRÈS DE 1847.

Le Congrès central d'agriculture a ouvert sa quatrième session le 22 mars. Presque tous les départements y étaient représentés. Dès dix heures, les délégués ont commencé à arriver, à onze, ils étaient à peu près au complet; c'est-à-dire que 357 membres se trouvaient présents sur 433. Ces chiffres témoignent d'un assez grand empressement à se rendre, de toutes les parties de la France, à cette réunion où les plus graves et les plus chers intérêts de l'agriculture devaient être en cause.

L'orangerie de la Chambre des Pairs n'étant pas encore libre, son Excellence le ministre de l'instruction publique a, comme l'année dernière, offert la belle et grande salle Richelieu de la Sorbonne. En effet l'agriculture a aussi ses enseignements théoriques; par leur utilité et leur importance matérielle, nous devons les placer au nombre des sciences qu'un bon gouvernement doit chercher à répandre dans toutes les classes.

Le bureau se composait de MM. le duc Decazes, grand référendaire de la chambre des Pairs, le comte Gasparin, ancien ministre, Darblay, Dupin; marquis de Torcy, vicomte de Tracy, députés tous les quatre, et de M. Fouquier d'Hérouel.

Le duc Decazes commence par rendre compte de son administration depuis le dernier Congrès. Les fonds perçus se sont élevés à 4,330 fr., et il reste en caisse un excédent de 444 fr. Le président termine en invitant le Congrès à se donner un bureau définitif.

Le vicomte de Cussy propose que le bureau, tel qu'il est composé, soit proclamé définitif par acclamation.

Le duc président pense qu'il serait plus régulier de procéder par un scrutin; cependant il se rend aux désirs exprimés de toutes parts; et on vote par assis et levé.

Le comte Alexandre de Girardin se lève seul contre la continuation des pouvoirs du bureau.

Le président demande que six secrétaires soient nommés au lieu de quatre, à cause de la grande multiplicité des affaires qu'ils ont à expédier; il insiste aussi pour l'observation des prescriptions réglementaires qui interdisent les discours écrits; il faut de toute nécessité se livrer à l'entraînement de l'improvisation.

La question à l'ordre du jour est : l'amélioration de la race bovine.

Le marquis d'Eurville, délégué de Pont-l'Evêque, département du Calvados, monte le premier à la tribune. Il déprécie les races Cottentine et Augeronne, elles lui paraissent incapables de rendre de bons résultats; il faut relever l'espèce bovine par de bons types régénérateurs, pris même au loin, si cela paraît nécessaire.

M. de Laboire, représentant de Bayeux, combat de toutes ses forces l'argumentation de son prédécesseur à la tribune. Les races Cottentine et Augeronne ont une valeur incontestable, elles sont beaucoup plus laitières que celle de Durham qu'on recherche tant, et c'est là un grand avantage dans un pays qui consomme et exporte tant de lait, de beurre et de fromages. Le préopinant termine en disant que si les Bas-Normands nourrissaient et soignaient aussi bien leurs bestiaux que nos voisins d'outre-Manche, les leurs; nous ne tarderions pas alors à rivaliser complètement avec eux.

Le vicomte Lecourtais (député de Mont-Luçon), fait un grand éloge de la race de Salerse qui domine dans le Bourbonnais, l'Auvergne et d'autres régions du centre de la France. C'est dit-il, une race laitière, rendant beaucoup de viande pour l'étale et éminemment propre au labourage et à l'attelage parce qu'elle est vigoureuse et forte.

Le Marquis de Torcy, député de Domfront, partage jusqu'à un certain point l'opinion du marquis d'Eurville, il trouve cependant que son contradicteur, M. de Laboire, a aussi articulé des faits consacrés par une longue expérience et une judicieuse observation. Il emprunte une partie de l'opinion de chacun de ces deux Messieurs : il distingue dans la basse Normandie entre deux races bien différentes ; la petite espèce qui domine dans l'arrondissement de Bayeux présente de très grands avantages ; on doit repousser l'autre, celle à l'élève de laquelle le regrettable M. Cornet s'est livré si longtemps, et dont est sorti pendant tant d'années le bœuf gras, ce Roi du carnaval. Cette espèce est osseuse et sa conformation mauvaise ; l'orateur regarde comme négatifs les résultats obtenus par la production d'animaux pesant quinze cents kilogrammes et qu'il ne peut comparer qu'à l'éléphant de la ménagerie du Roi. Arrivant ensuite à la race de Salerse, il trouve son rendement insuffisant ; les bêtes de cette espèce sont resserrées dans leurs parties postérieures, quelquefois, il est vrai, elles prennent bien la graisse et sont propres à l'attelage ; mais il se déclare peu partisan du travail des bêtes à cornes (murmures sur plusieurs bancs). Le marquis de Torcy termine en engageant les éleveurs à commencer de bonne heure à entourer de tous leurs soins les bêtes qu'ils destinent à être engraissées ; pour obtenir le meilleur résultat il faut trois ans ; il peut en parler avec l'autorité d'un homme qui, quoique jeune encore, a été versé depuis quinze ans dans la matière, et qui a élevé chez lui des bêtes de toutes races françaises et étrangères ; il appuie aussi son opinion sur l'appréciation faite par le jury de Poissy qui a couronné ses produits.

M. Dezeimeris, ancien député, combat avec toute la puissance d'une profonde conviction l'assertion du marquis de Torcy qui avait avancé que dans la plupart des pays, le cheval devait être substitué au bœuf pour le travail. L'orateur prétend, au contraire, que dans près des deux tiers de la France, les bêtes à cornes sont soumises au joug au grand avantage de tous les petits propriétaires. Dans presque tous nos départements du midi la propriété est tellement divisée, que dans la majeure partie des domaines, les chevaux ne trouveraient pas à être employés plus de quatre-vingts jours par an, et il faudrait les nourrir pendant douze mois ; on doit donc avoir de préférence des bœufs qu'on vend plus tard pour l'alimentation.

Le comte de Kergolay, délégué de la Manche, attaque une décision prise par le Conseil municipal de Paris et mise à exécution depuis le 1er janvier. Elle consiste à percevoir les droits sur la viande quand elle est débitée. Il serait plus avantageux de le faire en prenant pour base le poids de la bête vivante, sans cela il n'y a plus de prime accordée à ceux qui font des élèves supérieurs ; eu égard à son poids, une bête bien engraissée donne 63 pour 100 de viande, une médiocre n'en rendra que 55 pour 100.

MM. le comte de Turenne, le marquis de Vogué et Delalonde du Thil sont aussi entendus.

Le marquis de Torcy déclare qu'il n'a jamais été partisan de la substitution du droit au poids, au droit par tête, perçu sur les bestiaux à l'entrée des villes. (Cette opinion n'est pas partagée par beaucoup de membres qui s'empressent de protester contre).

Séance du 23.

M. Louis Buffet (de Mirecourt, Vosges), s'élève contre les circonscriptions trop étendues données aux octrois de certaines villes. Il signale plusieurs fermes qui, par ces raisons, sont assimilées pour les droits à acquitter aux maisons ordinaires et en supportent toutes les charges sans en avoir comme ces dernières de compensation. Au nom de la protection agricole il demande qu'il en soit désormais autrement. M. Simonin appuie cette demande.

M. Delalonde du Thil, délégué du Hâvre, demande une révision des droits d'octroi. A Rouen, dit-il, tout paie, il serait pourtant plus juste de dégrever les substances les plus nécessaires à la nourriture de l'homme, et de taxer le sucre et le café qui entrent en franchise.

Le marquis de Torcy se prononce pour une diminution sur les droits d'entrée.

M. Gay-Lussac, pair de France, veut aussi, de sa place, dire quelques paroles; mais le président fait remarquer qu'on est sorti de la question pour traiter des choses subsidiaires et accessoires, qui ont déjà absorbé trop de temps; il invite le Congrès à se rappeler que la race bovine étant à l'ordre du jour, toute discussion sur un autre sujet doit être interdite.

M. Raudot, maître de poste, délégué de l'Yonne, s'élève avec force contre les vacheries modèles dont on demande la création. Quand le gouvernement veut faire de l'agriculture, il dépense beaucoup et ne fait rien ; dans la circonstance qui nous occupe, son argent, ou plutôt le nôtre, serait consacré au personnel d'un nombreux état-major et contribuerait peu à l'entretien et à l'amélioration des bêtes ; et ici les bêtes sont le principal, elles doivent passer avant tout. L'orateur termine en demandant que les encouragements accordés par le gouvernement se traduisissent plutôt en primes remunératrices que les sociétés d'agriculture seraient appelées à répartir plus largement. (Ce discours est accueilli par des applaudissements).

Le marquis d'Havrincourt, délégué du Nord, trouve que les races étrangères ont été trop encouragées, eu égard aux races indigènes qui ne l'ont pas été assez. Il voudrait pour l'agriculture une part afférente plus large dans les dépenses de l'État ; cependant il n'accuse pas de l'insuffisance qu'il signale le gouvernement parce qu'il n'est pas seul à départir ce que l'impôt a produit, il lui faut le concours des chambres, et il est bien à souhaiter qu'elles se montrent de jour en jour plus empressées à prendre toutes les mesures nécessaires pour féconder le sol de la patrie. L'orateur est loin d'être partisan d'une manière absolue des vacheries modèles, parce qu'elles présentent des inconvénients et induisent dans de fortes dépenses ; cependant on pourrait en créer quelques-unes comme essai, ainsi que des écoles expérimentales. Le marquis d'Havrincourt raconte que dans un voyage qu'il a fait en Angleterre, il a été mis à même de voir jusqu'à quel point les Anglais poussent l'esprit d'observation sur les bestiaux, et cela, joint aux soins éclairés qu'ils leur donnent, est la véritable cause de la supériorité de leurs races. Il cite à l'appui de son assertion l'exemple suivant : Un Lord, personnage politique et éminent, le mena dans une prairie où il lui fit voir une bête d'une beauté incomparable. Sa grand'mère, dit l'insulaire, avait, quoique très belle, tel défaut à la côte droite, j'ai appliqué tous mes soins à chercher partout un mâle qui eût le défaut précisément contraire, afin de rétablir l'équilibre. Voilà par quels moyens les Anglais obtiennent leurs magnifiques résultats ; cela se réduit à de patientes observations et à des soins.

Oui, s'écrie l'orateur, c'est le cas de dire : tant vaut l'homme, tant vaut la bête. (Rires). Plusieurs voix : La citation est on ne peut plus juste. Le marquis d'Havrincourt déclare, que pour obtenir de bons résultats en élevant les bestiaux, il ne faut pas s'en tenir à un système absolu aux dépens de tous les autres ; on doit, au contraire, prendre ce qu'il y a de bon dans chacun, et surtout tenir compte des circonstances topographiques et météorologiques du pays. Dans le Charollais, on engraisse beaucoup en tenant les animaux dans l'étable, à l'ombre, sans bruit et sans lumière. Un visiteur trop bruyant ne manquerait pas de se faire une querelle avec le vacher; tandis que dans le Nord, les bestiaux sont presque toujours exposés au jour, à l'air, au bruit, et souvent même aux épouvantables jurons que ne craignent pas de prononcer ceux qui les soignent. Ce discours est terminé par l'expression du vœu que les races françaises soient encouragées et multipliées sans cependant repousser ce que l'étranger à de bon.

M. Lainé se livre à une critique des vacheries modèles; il y en a déjà trois d'établies en France, et cela suffit; le personnel, si nombreux de tous les établissements que le gouvernement entretien, est une charge très onéreuse à l'État.

Le comte de Kergorlay est d'avis de ne généraliser aucun de ces différents systèmes ; il faut surtout prendre en considération les besoins des localités et les habitudes des personnes qui les peuplent.

M. Ortolan, professeur de droit, délégué du Var; fait entendre un long et remarquable discours; il se résume en demandant des primes et des vacheries modèles pour les pays qui sont peu en progrès; dans le département qu'il représente les vaches sont si peu nombreuses que dans les rues même des villes on colporte et vend plus de lait de chèvre que d'autre. Cet état de chose surprend autant qu'il afflige les habitants du Nord. Le labourage s'y fait comme du temps des Romains: on est arriéré sous quelques rapports de près de deux mille ans; ainsi les charrues n'ont pas de roues, elles ressemblent à celles qu'on employait du temps de Sénèque et de Pline, c'est-à-dire, qu'elles consistent dans un simple bâton ferré. Cet instrument aratoire, qui n'est plus de notre âge, a conservé jusqu'à son ancien nom; on l'appelle encore l'*arère*.

Un délégué soutient que la race bovine, flamande et hollandaise est une de celles qu'on doit le plus préférer, parce qu'elle donne une meilleure nourriture et plus de lait que la plupart des autres; selon lui la race de Cholet l'emporte sur la Normande, parce qu'elle a le tissu plus fin et les os moins gros. 40 ou 50 ans ne suffisent pas pour améliorer d'une manière sensible une race, il faut près d'un siècle pour y réussir complètement ; témoin des bestiaux hollandais transportés dès le XVIIIe siècle sur les bords de la Tweed. Les bons résultats qu'on y a obtenus, depuis quelques années seulement, parlent haut en faveur des soins si persévérants des Anglais. (Dénégations de plusieurs côtés).

Le Président. — Écoutez, Messieurs, un homme expérimenté. L'orateur continue en déclarant qu'il croit l'intervention de l'État nécessaire, il l'invite au nom de l'Agriculture à répandre par milliers des manuels utiles, et à créer des chaires.

Le baron de Laussat, délégué des Hautes-Pyrénées, est effrayé de voir qu'on veut faire intervenir le gouvernement en tout; il blâme la tendance par laquelle on n'est que trop porté à faire des emprunts à l'étranger, quand il y a de si bons éléments à développer chez nous. On a fait venir d'Angleterre des types reproducteurs de toutes espèces, il ne faut pas désespérer de voir pousser l'exagération de la chose, jusqu'à faire traverser la Manche aux volailles anglaises, sous prétexte de régénérer les poules de la Normandie ; et c'est pourtant nous qui vendons des œufs à nos voisins. (Rires).

Le duc Président. — Écoutez, Messieurs ; l'orateur a plutôt le désir de vous convaincre que celui de vous égayer.

Le marquis de Travanet est opposé à l'importation de ce qu'on veut bien appeler les types régénérateurs étrangers, à ceux de Durham surtout : car cette espèce à pour seul avantage celui d'engraisser plus vite que les autres ; elle est, du reste, peu politique, paresseuse et impropre au labourage ; il faut lui préférer la race du Charollais, qui se signale par sa force musculaire. L'orateur est anglophobe, non pour les hommes, mais pour les bêtes. La France n'a rien à demander à l'étranger, avec son beau ciel, son territoire fertile et tous les éléments de prospérité renfermés dans son sein ; elle sera, quand elle le voudra, la première nation agricole. Ce qui a fait la supériorité de certaines races en Angleterre, c'est uniquement le soin qu'on leur donne et l'abondance de nourriture. Pour se servir d'une expression populaire et triviale : il faut que la vache ait le lait dans l'avoine et la queue dans le son.

En France, les fourrages ne sont pas assez abondants, et on pourrait citer des départements où une vingtaine de cantons ignorent la manière de former les prairies artificielles.

M. Raudot insiste pour que le gouvernement se montre plus large dans les récompenses qu'il accorde.

Avant de terminer la question des bêtes à cornes, nous citerons l'opinion du marquis d'Havrincourt qui trouve que l'air donné en trop grande quantité dans les étables, empêche les bestiaux d'engraisser aussi bien et aussi vite. Il faut surtout se montrer sobre d'en accorder aux bêtes qui sont nourries d'aliments chauffés. Rien n'est plus préjudiciable que le contact de l'air frais de l'extérieur sur le bétail en moiteur et poussé à la graisse; des remarques faites à ce sujet dans le Nord, ont prouvé combien dans ce dernier cas l'engraissement est retardé.

Séance du 24.

La question de l'amélioration de la race ovine est à l'ordre du jour.

M. Desplanques entretient l'assemblée d'une méthode qu'il a inventée pour nettoyer la laine tondue en suint. Il se livre à une longue critique sur celles lavées à dos, chose qu'on ne voit jamais faire dans le pays d'où viennent les bons produits, comme de la Saxe Royale par exemple. Cependant, il déclare que les laines d'Allemagne sont trop molles et trop peu élastiques

M. Cordier, pense, au contraire, que le lavage à dos doit être préféré au lavage à froid opéré en suint.

MM. Auberger et Delalonde demandent et obtiennent qu'une commission soit nommée pour trancher une question que les deux personnes précitées paraissent ne traiter qu'au point de vue de leur intérêt personnel.

M. DE TILLANCOURT, délégué de l'Aisne, trouve que le droit de 20 p. 0|0, dont les laines étrangères sont frappées à l'entrée, est illusoire à cause des fausses déclarations qui sont faites à la frontière. En 1843, par exemple, 20 millions de kilogrammes ont été déclarés ne valoir que 38,232,613 fr., le droit perçu n'a été que de 8,493,496 francs. C'est à peine le quart de la valeur réelle. Lorsqu'un négociant français exporte sa marchandise, on lui restitue à la frontière, comme prime, ce qu'il a dû payer pour l'entrée de la laine ; c'est ce que les Anglais appellent *draw-back*. Il résulte de là qu'on estime alors la laine à sa valeur réelle, 8 fr. le kilogramme dans l'intérêt de la fabrique, et que cette même laine n'a payé, dans l'intérêt de l'agriculture, que 1 fr. 90 c. L'industrie manufacturière est plus protégée que l'agricole. A Sédan, à Louviers, à Elbeuf, on ne se sert plus de laines françaises.

M. DERMIGNY, délégué de Péronne. — Le système actuel de la préemption est inefficace. Autrefois le gouvernement l'exerçait à son compte, aujourd'hui il a accordé le droit à l'administration douanière d'en user à ses risques et périls. Aussi les douaniers ne préemptent qu'avec une telle circonspection que beaucoup de laine d'Allemagne entre sans payer des droits assez forts pour protéger la nôtre.

M. VICTOR GRANDIN, député d'Elbeuf, monte à la tribune avec une certaine défiance, dans la crainte que sa position d'industriel ne donnât à supposer qu'il voulût protéger les fabriques au détriment de l'agriculture (plusieurs voix, parlez, parlez). L'orateur déclare qu'il n'est pas seulement le député d'Elbeuf, car il représente avant tout le 4e arrondissement de Rouen ; son intention est de défendre tous les intérêts qui se recommandent à la protection du gouvernement. M. Grandin cherche à établir que la prime de sortie ne profiterait qu'aux provenances étrangères. La France, du reste, n'a pas besoin de s'attacher à produire de la laine fine. Les animaux qui la donnent ont peu de viande, sont délicats et viennent facilement dans des pâturages de peu de valeur. L'usage du drap fin diminue tous les jours ; nos élégants ne le recherchent plus autant qu'autrefois, et jamais on ne pourrait soutenir la concurrence avec l'Allemagne. Il y a vingt ans, l'*électât* de Saxe se vendait 33 fr., aujourd'hui on l'a pour 11 fr. Les laines les plus fines viennent aussi de pays très éloignés. L'Australie, depuis 1819, en fournit annuellement à l'Angleterre 43 millions de kilog. La Nouvelle-Hollande et la Nouvelle-Zélande sont des contrées qui produisent tout ce que la France peut donner. On y fait des vins de Champagne et de Bordeaux identiques aux nôtres.

M. Louis Leclerc soutient leur infériorité en comparaison de ceux de France.

— M. Grandin. Ils sont également bons, et ceci doit servir d'avertissement aux partisans du libre échange. L'Angleterre inonderait nos marchés de ses produits et n'achèterait pas même nos vins. L'orateur, en terminant, demande que le délai de la préemption soit fixé à trois jours ; mais le Congrès consulté est d'avis qu'il continue à être de six.

Le débat s'engage ensuite sur la question chevaline. Le lieutenant-général comte de Girardin pense que c'est le mauvais état de nos chemins vicinaux qui engage à élever pour les attelages tant de gros chevaux impropres à remonter la cavalerie.

Le comte de Kergorlay soutient que le gouvernement n'achète pas dans le département de la Manche tous les chevaux capables d'être envoyés dans les régiments.

Le baron de Laussat cherche à laver de ce reproche l'administration de la guerre. Les chambres ont décidé que notre cavalerie serait remontée par septième tous les ans ; or on ne peut atteindre le chiffre voulu qu'en s'adressant à l'Allemagne.

Tous ces débats apprennent que nous avons actuellement

en France 12,000 étalons dont 1.100 appartiennent à l'administration ; on ne leur distribue que 60,000 fr. de primes dont les purs-sang absorbent la totalité.

Séance du 25.

M. LE VICOMTE DE ROMANET lit, au nom de la commission du Commerce agricole, un rapport fort remarquable et par lequel le libre échange et toutes ses doctrines sont impitoyablement sabrés.

LE COMTE DE KERGORLAY, avant de combattre le projet de la Commission, dessine sa position ; toute sa fortune est en terres, et il n'ambitionne pas d'autres places que celles qu'il tiendra du libre choix et de la préférence de ses concitoyons, c'est dire combien nos intérêts agricoles lui sont chers. C'est en leur nom qu'il repoussera le projet de la Commission et tout son système prohibitif qu'il regarde comme recouvert d'un vernis de barbarie ; c'est une prime donnée à l'esprit de paresse, à l'imprévoyance et à la routine. La concurrence est au contraire la base de tous les progrès, et, dans l'intérêt des consommateurs, il ne faut pas réserver le marché national aux productions indigènes seulement ; avec beaucoup d'hommes de pratique et de faits, il est humilié de cet aveu de notre infériorité en présence de l'étranger. D'ailleurs la France peut même envahir les marchés de nos voisins et les couvrir de ses vins, de ses huiles, de sa soie, de son sucre de betterave et de ses légumes : l'année dernière, 146,000 têtes de bétail sont entrées en Angleterre. Les Iles britanniques devraient être le débouché de la Normandie et de la Bretagne. A Smithfield, la viande de bœuf se vend 1 fr. 70 c. le kilog. L'Angleterre, malgré sa richesse métallurgique, achète en Suède, et subsidiairement en France, du fer de qualités qui lui manquent ; en présence de tous ces faits, l'agriculture ne doit se poser ni le champion, ni l'antagoniste du libre échange. Elle doit attendre, l'arme au bras, dans une position expectante.

M. Gauthier de Rumilly, député. — Gardons-nous de soumettre le travail national aux produits de l'étranger, et fermons les oreilles à un esprit de saint simonisme qu'il est bien important de réfuter. Les libres échangistes ont assurément beaucoup d'esprit, mais il leur manque un peu de bon sens (exclamations sur quelques bancs). L'orateur se reprenant : il leur manque un peu de pratique, je veux dire de bon sens pratique.

Le duc président : — C'est comme cela qu'il fallait entendre l'expression.

M. Gauthier continuant, prouve à quoi ont abouti les conséquences du *free trade* en Angleterre ; la viande y vaut aujourd'hui 85 cent. le demi-kilog. Ce discours, porté dans toutes les parties de la salle par l'organe le plus clair, est accueilli favorablement.

M. Ortolan combat les conclusions de la Commission et les arguments de M. Gauthier de Rumilly. Les protecteurs du travail national sont victimes d'une illusion d'intérêt, de justice et de patriotisme. L'homme n'a pas le droit de détruire ce que Dieu a fait. Soutenir le système prohibitif, c'est chercher à niveler la montagne et à relever la vallée. C'est vouloir que tous les pays puissent se suffire à eux-mêmes, et comment le feraient-ils, n'ayant point des produits similaires ?

M. Wolowski, professeur au Conservatoire des arts et métiers, blâme Colbert d'avoir trop sacrifié l'agriculture au commerce, il préfère le caractère de Sully. L'orateur appelle de tous ses vœux une autre législation beaucoup plus libérale sur les douanes. Le principe actuel doit être ruiné dans tous les esprits ; il a pour dupe l'agriculture qu'on fait semblant de protéger ; mais on favorise les autres branches de l'activité industrielle. Il ne faut pas que la France compte sur la Russie méridionale pour s'en servir comme d'un éternel grenier d'abondance. Les facultés productives de ce pays sont plus limitées qu'on ne le croit généralement. Odessa ne peut livrer annuellement plus de dix millions d'hectolitres à l'exportation ; dans tous ses environs l'hectare ne rend que rarement plus de treize hectolitres... Le professeur continue son discours qui soulève quelques réclamations. Du reste, on sait que MM. Ortolan et Wolowski appartiennent aux réunions de la salle Montesquieu où ils sont, avec MM. Blanqui, Léon Faucher et le duc d'Harcourt, les grands prêtres du libre échange.

Séance du 26.

Le professeur Wolowski monte le premier à la tribune pour se laver du reproche d'avoir tenu à la Sorbonne un autre langage qu'à la salle Montesquieu où il aurait été encore plus avancé dans ses théories en faveur du libre échange. Il termine ses explications par une nouvelle critique du système protecteur. Ses effets ne sont que négatifs, et si la France veut devenir plus prospère, elle n'a qu'à dégrever l'impôt du sel, à perfectionner ses irrigations et à reboiser ses montagnes. Alors elle pourra sans crainte briser les barrières qui ferment ses frontières.

M. Louis Buffet. — Les libres échangistes promettent que l'application de leurs idées procurerait aux fermiers la faculté de vendre plus cher, à l'ouvrier celle d'acheter à meilleur marché et que le propriétaire tirerait le même prix de ses terres. Tout cela paraît inadmissible. Une expérience se fait à côté de nous en Angleterre ; attendons pour voir si la théorie qu'on y met en pratique recevra la confirmation des faits et de l'expérience.

M. de Tillencourt trouve que l'équilibre de protection est rompu entre l'industrie et l'agriculture. La preuve en est dans les salaires beaucoup plus élevés dans les manufactures que dans les champs, et cela dans la même commune. L'orateur ne partage pas les idées émises par la commission, mais il ne se rallie cependant pas non plus à la doctrine des libre échangistes. Il faut rester dans une prudente expectative, et ne voter en faveur d'aucun des deux systèmes mis en présence. Attendons que des gages nous aient été donnés.

Le marquis de Travanet. — L'introduction des bestiaux étrangers ferait beaucoup de mal à notre agriculture et frapperait très particulièrement sur les pays les plus pauvres. On a argué en faveur du libre échange en rappelant la communauté d'origine de tous les peuples ; mais cette union ne s'est-elle pas brisée dès le déluge. Lorsque les fils de Noé s'établirent dans les différentes parties du monde, les liens entre eux se sont rompus, et tous ont eu dès lors des intérêts différents. L'Angleterre veut étendre la griffe de son léopard sur le commerce du monde. Pour parvenir à l'enserrer, elle a la force physique, c'est-à-dire le fer et le feu ; elle y joint la force morale : la persévérance dans ses desseins. Par une faveur toute providentielle, presque partout chez elle le minérai se trouve à côté de la houille. En France, au contraire, ces deux éléments de production sont toujours séparés. Le Creuzot par exemple est bâti sur la houille ; mais il est très éloigné du minérai. Sans la protection, nous irions annuellement en Angleterre y dépenser en achat de fer autant de capitaux que nous en avons sorti de nos poches, cette année, pour nous procurer des farines en Amérique, et des blés en Russie. Il nous arriverait des couteaux d'Angleterre quand nous n'aurions plus de pain à couper avec. Les chaumières du Berry ne se sont déjà que trop cruellement ressenties de l'abaissement du droit protectionnel sur la laine de 33 à 22 pour 100. C'est au nom de quinze millions de cultivateurs dont le Congrès doit être le protecteur naturel qu'il doit repousser le libre échange; en le faisant il se montrera l'écho fidèle de la grande voix de tous les propriétaires et fabricants.

M. Lainé demande la parole pour un fait personnel ; mais M. Dupin aîné qui présidait en ce moment la lui refuse en faisant observer que les choses dont on a parlé ne s'identifiaient pas assez avec lui pour constituer un fait personnel.

M. Anisson Duperron, pair de France, se déclare un modeste avocat du libre échange qu'il voudrait voir mettre en pratique dans l'intérêt de tous les consommateurs.

Le marquis de Vogué, par une brillante improvisation, combat les théories émises par le précédent orateur. Toutes les sociétés d'agriculture ajoute-t-il ont déjà repoussé le système qu'on voudrait introduire, elle ont chargé leurs délégués en ce moment de prononcer leur jugement.

M Henri Pellaut combat aussi tous les arguments de M. Anisson; le marché s'écrie-t-il en terminant, le marché, comme le territoire, nous appartient exclusivement.

Le congrès, à une immense majorité, émet le vœu que le régime protecteur soit maintenu en faveur du travail national. A la contre épreuve, 4 mains seulement se sont levées pour le libre échange qui reçoit un coup dont il ne se relèvera pas de longtemps.

Séance du 27.

La question à l'ordre du Jour est l'irrigation des prairies.

Le comte d'Esterno, pense (avec raison) qu'on ne saurait trop engager le gouvernement et les particuliers à s'occuper de l'irrigation. Nous avons en France 25,559,000 hectares de terres labourables et 4,198,197 de prairies seulement. On a parlé de créer des greniers d'abondance, les meilleurs de tous seraient de bonnes étables. bien peuplées et entourées de prairies bien arrosées ; la force militaire du Royaume y trouverait aussi à gagner : car, nous aurions de meilleurs chevaux pour la remonte de la cavalerie, et nos soldats nourris avec plus de viande se trouveraient plus forts pour surmonter les épreuves de la vie militaire.

M. Amédée Thierry trouve que dans plusieurs parties de la France telles que le Berry, la Sologne, la Beauce et la Brie, on ne tire pas assez partie des eaux pour les irrigations; c'est la Normandie qui excelle sous ce dernier rapport. Aux environs de Rouen on voit des vallées irriguées dans toute la perfection de l'art ; celle de l'Andelle surtout peut être proposée comme modèle.

M. DE LAFARELLE, député, fait connaître que la loi de 1807 autorise les propriétaires riverains des grands cours d'eau à se syndiquer pour prendre les mesures d'intérêt commun. Il faudrait seulement régulariser ce droit ; dans quelques localités, il est exercé par les propriétaires qui agissent d'eux-mêmes, dans d'autres, au contraire, ce sont les Préfets qui prennent l'initiative.

M. ARISTIDE DUMONT déclare que dans sa pensée le reboisement des montagnes pourrait rendre de grands services en maintenant dans leur état normal les petits cours d'eau. Quant aux grands la mesure serait inefficace.

M. THOMAS, délégué des Pyrénées-Orientales, au sujet du reboisement ainsi mis en cause, s'élève contre le système allemand si vanté aujourd'hui pour repeupler les forêts. Les méthodes de nos voisins d'outre-Rhin ne sont pas bonnes et nous avons tort de les introduire en France ; car elle ne peuvent être mises en pratique qu'au détriment de nos bois. L'orateur s'efforce à prouver que le système d'éclaircir ne vaut rien et qu'on doit laisser dans les forêts jusqu'au bois mort, la nature n'a rien fait en vain, et les branches desséchées ont aussi leur utilité. (Ce discours soulève des réclamations).

L'ABBÉ FLORIMONT, directeur de la Colonie agricole de Montmorillon, parle, d'après une brochure de M. Peloneeau, d'un système qui paraît présenter de grands avantages et qu'il va mettre en pratique. Il consiste dans les pays de montagnes à opérer des tranchées dans le sens latitudinal des côtes. Ces coupures ont pour effet de retenir les eaux quelque temps, et de les empêcher de couler avec assez de précipitation pour envahir tout-à-coup les rivières et les faire ainsi déborder par une crue trop subite. (Les observations du digne ecclésiastique sont accueillies avec les marques du plus vif intérêt.)

Le vicomte de TRACY et M. RAUDOT parlent ensuite des irrigations si bien entendues du Piémont et du royaume Lombardo-Vénitien. Le Pô est parfaitement endigué ; mais c'est un ennemi redoutable que les campagnes environnantes ont à combattre pour ne pas être englouties. En face de Ferrare, le lit du fleuve s'élève quelquefois aussi haut que le clocher de l'Église.

Séance du 28.

La discussion de la veille continue. M. de Tocville et le général comte de Girardin sont successivement entendus.

Les députés d'Angeville et de Lafarelle proposent qu'il soit accordé au propriétaire riverain d'un fleuve ou d'une rivière le droit d'appuyer sur la rive opposée, moyennant une juste et préalable indemnité, les travaux d'art nécessaires pour élever et rendre propres à l'irrigation de ses propriétés les eaux dont il a le droit de disposer. Cette proposition est le complément nécessaire de la loi du 29 avril 1845, qui a établi la servitude légale beaucoup plus grave du passage des eaux sur le fonds d'autrui.

M. Henry Pellaut cherche à controverser l'argumentation des deux honorables députés. Le droit de barrage ou d'appui doit être repoussé ; on l'a supprimé en Prusse à cause des inconvénients qu'il présentait, et la principauté de Saxe-Altembourg est la seule partie de l'Allemagne où ce droit soit aujourd'hui accordé par les lois du pays.

Le marquis de Vogüé propose que le gouvernement soit invité à livrer à l'agriculture l'excédant des eaux des rivières et des canaux. (Appuyé.) MM. d'Augeville et de Lafarelle font aussi remarquer qu'en France, les prairies occupent moins du dixième de la superficie arable, tandis qu'en Autriche, en Prusse et Danemark, il y a un hectare de pré sur trois et demi de terre de labour. Dans les royaumes de Bavière et de Wurtemberg, la proportion est de 1 sur 2 et demi ; en Angleterre et en Hollande, l'étendue superficielle des prairies égale, si elle ne dépasse, celle des terres consacrées à la culture des céréales. La production et la consommation des matières animales sont trop restreintes en France, et nous sommes obligés de dépenser chaque année 94 millions au profit de l'étranger.

Un délégué fait aussi remarquer que, par suite de l'état de choses signalé, nous sommes moins riches que nos voisins en engrais : de là vient que l'hectare de bon terrain qui produit en Angleterre jusqu'à 20 hectolitres de froment, 30 hectolitres d'orge et 22 hectolitres de pommes de terre, ne produit en France que 13 hectolitres de froment, 14 d'orge et 13 de pommes de terre.

Séance du 29.

La question des subsistances est amenée par l'ordre du jour. Il était impossible de traiter un sujet ayant plus d'importance et d'actualité : aussi la commission, présidée par le marquis Anjorrant, se composait-elle de quarante membres: elle avait choisi pour son rapporteur M. Guillaumin. Il résulte du travail auquel elle s'est livrée que l'agriculture, bien qu'ayant progressé depuis 1815, a encore beaucoup à faire. Les semences qui, en Angleterre, rendent 10 pour 1, n'en donnent en France que 6. Chez nos voisins d'outre-Manche, on répand sur les terres par chaque hectare le fumier de dix ou douze moutons, et en France celui de deux 2/3 de moutons seulement. Celá provient, en grande partie, de ce que la division des propriétés tend à faire remplacer dans beaucoup de localités les moutons par la vache. En somme, nous nous laissons déborder par nos voisins. Depuis 1815, on a vu, dans certaines années, importer dans le royaume du grain étranger pour une somme qui a deux fois atteint 17 millions de francs, tandis que nous devrions en transporter dans nos colonies, qui n'en produisent pas. Le climat de notre patrie n'est pourtant pas défavorable, et les intempéries n'accusent pas l'impuissance du sol.

Pour remédier aux disettes, les meilleurs greniers d'abondance sont les animaux et la diversité de récoltes. Il faudrait, autant que possible, soumettre les terres à l'assolement quatriennal, au lieu de l'assolement triennal, et bien se rappeler que l'avoine semée après une récolte de fourrage rapporte un tiers de plus que lorsqu'elle vient sur des terres qui ont produit du froment l'année précédente. Le peu de bons chevaux élevés maintenant en France s'explique par la trop grande division des propriétés. Les exploitations considérables seules peuvent faire les sacrifices nécessaires pour élever des bêtes propres aux attelages de luxe et à la remonte de la cavalerie.

Dans la discussion générale, M. Lainé déclare (avec raison) qu'on a exagéré le mal présent. Les récoltes n'ont été réellement mauvaises que dans 22 départements à sol léger. La sècheresse a surtout maltraité les départements de l'Aube, de l'Yonne, de la Marne et quelques portions de celui de l'Eure. Les pommes de terre seules ont été peu abondantes partout; on n'en a récolté que les 2/5 des années ordinaires. Dans les 11 départements où on cultive le sarrasin, on a eu de très bons produits; dans 5 autres départements, les châtaignes ont beaucoup donné, et dans toute la zône qui avoisine les Pyrénées, le maïs a été superbe. L'orateur se livre à une longue critique du sucre de betteraves; en 1829, nous en ensemencions 39,700 hectares; en 1846, on en ensemence 130,411. La culture de cette plante pivotale est mauvaise en ce qu'elle ne rend pas d'engrais.

M. Payen ne partage pas cette dernière opinion.

Le marquis Anjorrant déclare que l'agiotage a dû contribuer à augmenter les embarras temporaires dans lesquels la France se trouve actuellement. Il demande, en terminant, que le gouvernement fasse acheter à l'étranger, cette année, les subsistances de l'armée et celles qu'il envoie en Afrique.

M. de Laboire établit une petite statistique sur les progrès de l'agriculture. Du temps de Vauban, l'hectare ne rendait que 6 hectolitres; en 1808, il en rapportait 8; et enfin aujourd'hui, il en donne 13. En 1760, ajoute l'orateur, la France avait 20 millions d'habitants dont 7 seulement consommaient du pain de froment; les 13 autres ne vivaient que de substances inférieures. M. de Laboire, en terminant, déclare qu'il votera contre les conclusions de la commission.

On entend encore MM. Dezeimeries, Barbier, le baron de Lossat, l'abbé Florimont, Wolowski, et Boubée professeur de géologie. Quinze amendements sont proposés. Les principaux sont ceux de MM. de Saint-Vallier, du baron de Rivière, et du marquis de Vogué; ce dernier délégué avait rédigé le sien en ces termes : Le congrès est d'avis que la meilleure garantie contre les disettes accidentelles de l'avenir, est dans l'amélioration permanente de l'alimentation des travailleurs.

Le vicomte de Pomereu présente l'article additionnel suivant : « Que le gouvernement veuille bien désormais donner « à tous ceux qui le représentent et le servent, les instruc- « tions les plus précises pour que l'ordre le plus parfait soit « constamment maintenu dans les marchés et que la circu- « lation des denrées alimentaires puisse s'effectuer partout, à « l'abri d'une protection plus efficace.

« Le gouvernement est donc instamment prié de faire sé- « vir avec la dernière énergie contre ceux qui apportent des « obstacles à la vente et à la circulation des grains et autres « denrées. »

C'est en présence du silence de la commission sous quelques rapports, que l'auteur de l'article précité a voulu, mais vainement, soulever un nouveau débat; il aurait désiré démontrer combien était préjudiciable à l'approvisionnement de certains marchés, la crainte qui souvent retient les cultivateurs. Ceux-ci n'osent faire circuler le grain quand il est rare et cher. Ils aiment même quelquefois mieux perdre un peu à attendre la baisse. Si la protection dont ils doivent toujours être l'objet était plus efficace, ils ne craindraient pas de venir apporter leurs mercuriales, et cette concurrence tournerait au profit des acheteurs tout en laissant encore aux fermiers la faculté de réaliser de bon bénéfices... On distribue tous les amendements et l'article additionnel déjà imprimés d'après l'ordre du duc président. Le vicomte de Tracy, tout en reconnaissant la valeur des modifications proposées par les quinze honorables membres, demande au Congrès de passer à l'ordre du jour sur tous les amendements, à cause du peu de temps que l'assemblée a encore à être réunie. Cette proposition est adoptée.

Séance du 30.

M. Genreau, délégué d'Eure-et-Loir, dans un discours assez éloquent du reste, déclare qu'en présence des événements si tristes que nous avons dû traverser, et au moment où les denrées étaient si chères; ni les négociants, ni les propriétaires n'avaient fait leur devoir; les premiers, selon lui, n'avaient pensé qu'à augmenter leur fortune; les seconds, qu'à chercher leur sécurité et leur plaisir dans les grandes villes. Ce discours qui ne reposait sur la vérité soulève des réclamations, et M. Plauche, délégué des Bouches-du-Rhône, aborde la tribune pour le réfuter. L'honorable Marseillais lave le haut commerce de la tache qu'a voulu lui imprimer gratuitement M. Genreau. Les négociants, s'écrie-t-il, ont rendu de grands services à la patrie en acquérant pour elle du blé à l'étranger; on a été trop heureux de trouver leurs vaisseaux pour porter des rivages lointains à la France les subsistances qui lui manquaient... De son côté, le vicomte de Pomereu, voulant protester contre la calomnie dirigée sur les propriétaires, avait cru devoir demander en leur nom la parole; mais il y renonce en entendant M. le président donner sa désapprobation formelle aux paroles irritantes échappées à M. Genreau. MM. Plauche et de Pomereu déclarent à M. Payen, secrétaire du bureau, qu'il ait à mentionner dans le procès-verbal et leur protestation et les observations du duc président; faute de cette insertion, tous les deux s'élèveront le lendemain contre l'inexactitude du compte-rendu.

M. Darblay, député, qui a dirigé des moulins considérables près de Corbeil, donne des explications toutes spéciales sur les blés et les farines.

Le baron de Lossat dit que les circonstances dans lesquelles nous nous trouvons font voir l'insuffisance du port de Marseille, qui ne peut contenir tous les vaisseaux chargés de grain qui arrivent de la mer Noire. Les routes ne sont pas non plus dans un état satisfaisant d'entretien; et le Rhône étant maintenant impraticable, les arrivages ne s'effectuent que lentement vers le Nord.

Le marquis de Vogüé. — La pomme de terre se trouve actuellement couchée sur son lit de douleur, elle est encore à attendre vainement un médecin habile, capable de bien nous fixer sur la cause de sa maladie et sur les moyens à employer pour en combattre les effets. L'introduction de la solannée parmentière est sans contredit le plus grand bienfait rendu par le nouveau monde à l'ancien. C'est une richesse plus grande que l'or de toutes les mines du Pérou; mais l'alimentation qu'elle fournit est insuffisante quand elle est seule; il lui faut pour auxiliaire quelques substances plus nutritives; en un mot la pomme de terre seule ne peut constituer la base principale de la nourriture du peuple. Elle ne peut être que le luxe du pauvre, et l'Irlande ne sera prospère que lorsque tous ses habitants mangeront de la viande.

M. Raudot. — Si l'on veut faire progresser l'agriculture, le meilleur moyen pour y parvenir serait la création de chambres consultatives; alors seulement on bâtirait sur le roc.

La question du sel est ensuite mise en discussion. M. Saphary, rapporteur, déclare que la commission partage l'opinion du conseil-général de l'agriculture et de 51 conseils généraux de département. Elle est donc d'avis que le gouvernement diminue, autant qu'il le pourra, l'impôt dont est frappé, une substance si précieuse.

M. Dailly, maître de poste à Paris, incline pour le dégrèvement. Les bestiaux se trouveraient mieux nourris et meilleurs pour la consommation. Il a élevé des moutons, les uns en leur donnant du sel, les autres en les en privant. Il a envoyé des gigots provenant de deux moutons élevés par les systèmes différents à M. le ministre de l'agriculture et à M. le grand référendaire; les personnes qui les ont dégustés ont rendu, il en convient, sur le mérite de leur viande, des jugements différents, selon qu'ils étaient oui ou non partisans du dégrèvement. Cependant, il donne la préférence de beaucoup à ceux qui ont fait usage de sel; voilà pourquoi la viande de mouton, en Allemage, est meilleure que chez nous.

M. Dezeimeries ajoute aussi que l'usage du sel active l'engraissement des bestiaux.

M. Gay-Lussac, pair de France, n'est pas partisan du dégrèvement, il l'a combattu déjà à la chambre-haute, parce qu'il n'a rien trouvé de bien décisif, quant aux avantages qu'on lui attribue, il pense même qu'on les a exagérés. Le sel, appliqué, comme engrais, améliore très peu les terres, et le gouvernement ne trouverait pas la compensation d'un droit qui rapporte annuellement 48 millions.

Le 31 mars, l'administration a mis à la disposition du congrès, à 11 heures, un convoi spécial du chemin de fer pour transporter tous les délégués à Poissy, où l'on a fait avec pompe une distribution de prix aux éleveurs de bestiaux. On sait que les principaux succès ont été obtenus par le marquis de Torcy et M. de Béhague, le premier propriétaire dans l'Orne, le second dans le Loiret.

Séance du 1er avril.

Le congrès reprend ses travaux pour les finir le jour même.

M. Salvat lit un rapport sur la statistique agricole de la France ; chaque membre du Congrès devrait, dit-il, faire celle de son arrondissement ; on ne peut citer un meilleur exemple que celui du comte Jules de Chabrillant qui a déposé la carte statistique du département des Ardennes qu'il représente. Le général comte de Girardin et M. Greban sont successivement entendus... Le baron de Rivière demande pour chaque département une chambre consultative composée de dix fermiers et de dix propriétaires... Le comte de Kergorlay combat une proposition faite par deux membres qui demandent la nomination d'agents salariés, chargés d'inspecter et de protéger l'agriculture ; ces places ne peuvent être utilement remplies que par des personnes considérables et indépendantes qui s'en acquittent gratuitement.

MM. Demesmay, député, et Gay-Lussac, pair de France, ont ensemble une discussion au sujet de l'impôt du sel... Le duc président rend compte de la découverte de Guénon, fils d'un jardinier de Libourne, qui, par suite de ses longues observations sur les vaches, a trouvé une méthode presque infaillible pour apprécier leurs facultés lactifères. Les dispositions qu'affectent les poils sont autant de signes capables de faire connaître si la vache est bonne ou mauvaise laitière.

Cette méthode, toute nouvelle, a été publiée dans une brochure qui déjà a eu des traductions anglaises et allemandes. Guénon a été appelé en 1845 à Rouen, pour opérer devant la société centrale de la Seine-Inférieure, et à Neuchâtel devant l'Association normande. En dernier lieu, il a renouvelé ses expériences chez plusieurs nourrisseurs des environs de la capitale, en présence d'un certain nombre de membres du congrès. On lui a amené des vaches dont le rendement variait de 14 à 24 litres de lait. Dans l'immense majorité de ses appréciations, Guénon s'est trouvé d'accord avec les propriétaires des animaux qui avaient été consultés à part. Cette découverte, toute nouvelle et qui déroute tous les moyens d'appréciation employés jusqu'à présent, est appelé à rendre de biens grands services ; elle enrichira la France de plusieurs millions de litres de lait par jour, en indiquant quelles sont les vaches qu'on a intérêt à élever, et celles qu'on doit livrer à la boucherie. M. Guénon n'a pas voulu faire tourner à son seul profit une découverte si utile ; il l'a communiquée à tout le monde, et il a cherché à la vulgariser le plus possible dans l'intérêt général. C'est pourquoi, le président propose à l'assemblée de recommander Guénon au gouvernement pour lui faire recevoir une recompense nationale. Cette proposition est adoptée à l'unanimité par le Congrès... La discussion est de nouveau ramenée sur les pommes de terre, et cette question est encore traitée avec habileté par les marquis de Travanet et de Vogué. On remarque que ce dernier aborde pour la première fois la tribune ; jusque-là, il n'avait parlé que de sa place. Le comte Gasparin déclare que dans la chaîne des Cordilières, d'où nous viennent les pommes de terre, on a fait la remarque que ces tubercules sont de temps en temps sujets à la maladie, c'est là une observation importante.

On procède ensuite à la nomination d'une commission permanente. et la session de 1847 est ensuite déclarée close.

Nous terminerons ce petit précis en exprimant le regret que la session n'ait pas été de quinze jours au lieu de onze. On aurait pu consacrer plus de temps à des débats très importants qu'on a été obligé d'abréger autant que possible. Plusieurs fois on s'est vu forcé d'étouffer les discussions et d'enlever les votes au pas de course.

Nous nous élèverons aussi contre le mode de représentation au congrès. Ainsi nous pourrions citer neuf départements qui n'ont pas envoyé un seul délégué, tandis que d'autres en ont nommé près de vingt.

www.ingramcontent.com/pod-product-compliance
Lightning Source LLC
LaVergne TN
LVHW052016160826
845678LV00003B/1080

* 9 7 8 2 3 2 9 6 5 1 3 1 6 *